Inhaltsverzeichnis

GEISTERBAHN

1 Finde 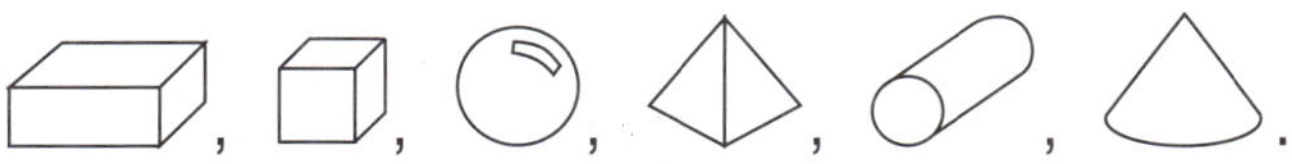.

Wo sind Flex und Flo versteckt?

1 Wo sind Flex und Flo?

1) A1, B

1

A auf dem Auto

B in dem Auto

C hinter dem Auto

2

3

D vor dem Auto

E rechts neben dem Auto

4

5

F links neben dem Auto

G unter dem Auto

6

H zwischen den Autos

7

8

Audioaufnahme: Raum-Lage-Diktat mit zwei oder drei Gegenständen aufsprechen und ausführen.

R	H
B	N

U	O
A	E

S	N
T	B

R	T
D	E

1 Welches Wort ist versteckt?

1) H A

oben rechts | unten links | oben links | unten rechts

H

2 Welches Wort ist versteckt?

a) unten rechts | unten links | oben links | unten rechts

b) oben links | unten links | unten rechts | unten rechts

c) oben rechts | oben links | oben rechts | unten links

d) unten links | unten links | oben rechts | unten links

3 Diese Wörter kannst du verstecken.

a) BETT b) HOSE

c) ROST d) NOTE

e) HAND f) ROSE

3 a) B E T T
ul ur ul or

b) H O S E

S. 50 AH S. 46

2 Ein Lösungsbild bleibt übrig.

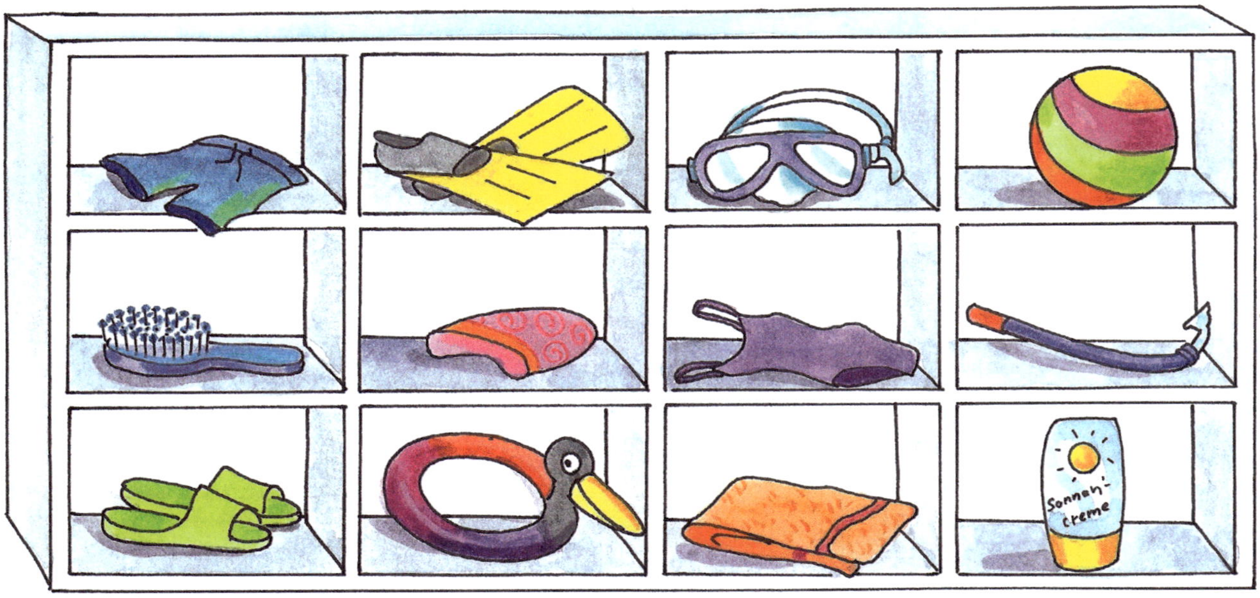

1 Welche Badetasche gehört zu welchem Kind?

1) Tim: Tasche ___

Tim

X	X	X	
			X

Anna

	X	X	
X		X	

Oleg

X	X		X
		X	

A

B

C

2 Was stimmt?

2) A,

A Der Ball liegt über dem Schnorchel.

B Die Sonnencreme steht links neben dem Handtuch.

C Die Bürste liegt rechts neben der Badekappe.

D Die Badekappe liegt zwischen der Bürste und dem Badeanzug.

3 Schreibe eigene Rätsel wie in Aufgabe 2.
Dein Partnerkind löst sie.

G1

3 **Audioaufnahme**: Eigene Rätsel aufsprechen und lösen.

1 Forme wie Flex und Flo Körper aus Knete.

2 Welcher Körper ist es?

a) 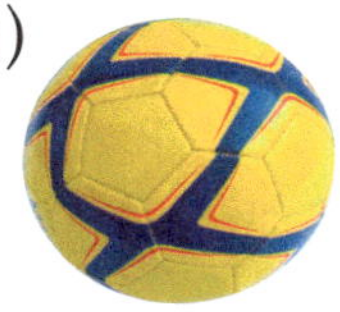
b) 
c) 
d) 
e) 
f) 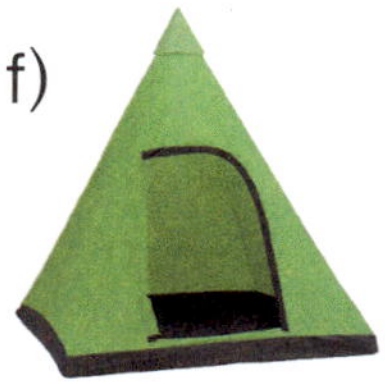

3 Was stimmt?

A Der Quader hat 6 Flächen.

B Die Kugel hat keine Kante.

C Ein Quader hat mehr Kanten als ein Würfel.

D Der Würfel hat 8 Flächen.

E Eine Kugel hat keine Ecken.

F Ein Würfel hat 6 gleich große Flächen.

4 Was stimmt?

A Ein Zylinder kann rollen und stehen.

B Eine Kugel kann rollen und stehen.

C Ein Würfel kann kippen.

D Ein Zylinder kann kippen.

E Ein Kegel kann rollen und stehen.

2 **Fotografie**: Eigene Bilder von Körpern in der Umwelt aufnehmen und präsentieren, ggf. ausdrucken und ein Merkplakat erstellen oder für eine digitale Pinnwand nutzen.

S. 52 AH S. 48

1 In jedem Gebäude fehlt ein Körper. Welcher Körper fehlt?

a)

2	1	1	2	1

b)

1	3	1	1	1

2 Tim hat verschiede Bauklötze. Er will das Gebäude bauen.
Welche Körper fehlen ihm? Welcher Körper bleibt übrig?

3 Welche Gebäude gehören zu der Tabelle?

3) C,

4	4	1	2	1

A

B

C

D

E

AH S. 48 S. 53

Bauen und zählen

1 Baue nach. Zähle die Würfel.

1 a) 6

a)  b)  c)  d) 

2 Baue nach. Zähle die Würfel.

a)  b)  c) 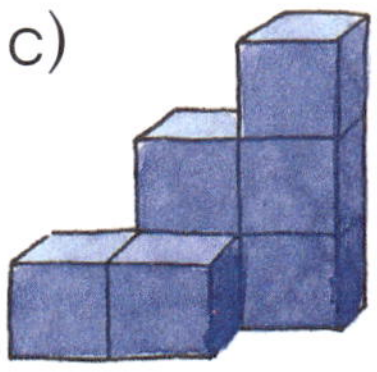 d) 

e)  f)  g)  h) 

3 Baue Gebäude.
Nimm immer zwölf Würfel.

4 Wie viele Würfel kommen immer dazu?
Wie viele Würfel brauchst du für das Würfelgebäude D?

A  → B  → C  → D ?

1 Baue nach und schreibe die Baupläne wie Flex.

a) 

b) 

c) 

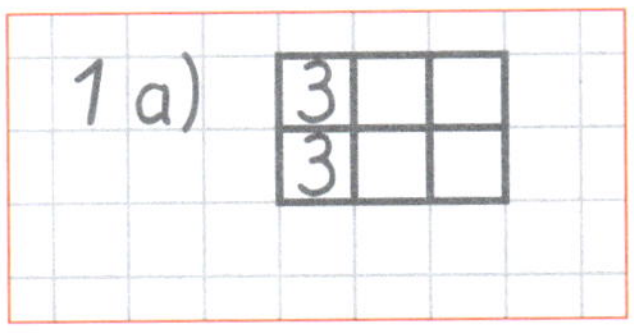

2 a) 

b) 

c) 

3 a) 

b) 

c) 

4 a) Baut diese Würfelgebäude.

2	4	2	4
1	3	1	3

1	2	3	4
	1	2	3

3	2	2	3
2	1	1	2
	1	1	

2	3	3	2
1	2	2	1
	1	1	

b) Baut immer mit zwölf Würfeln. Schreibt die Baupläne auf.

5 a) Baut ein Gebäude mit neun Würfeln. Schreibt den Bauplan auf.
b) Legt einen Würfel um. Schreibt drei verschiedene Baupläne auf.

1–5 Mit Holzwürfeln bauen.
Kopiervorlage für Baupläne in der Handreichung/BiBox für Lehrer/-innen.
Textverarbeitung: Baupläne schreiben (Vorlage in der BiBox für Lehrer/-innen).
4, 5 **Fotografie**: Ergebnisse fotografieren, präsentieren und den Bauplänen zuordnen.

1 Wie viele Würfel sind es? Schreibe zuerst den Bauplan auf.

a) 

b) 

c) 

d) 

2

a) 

b) 

c) 

d) 

3

a) 

b) 

c) 

4 Würfelgebäude aus 20 Würfeln. Wie viele Würfel fehlen im Bauplan?
Schreibe passende Baupläne in dein Heft.

4	4	3
3	1	

3	2	3
4		4

4		4
2	3	2

5	4	3
2	3	

4	5	4
1		1

5 Auch dieses Würfelgebäude besteht aus 20 Würfeln.
Es gibt verschiedene Möglichkeiten. Schreibe sie in dein Heft.

4	4	2
	1	

4	4	2
	1	

4	4	2
	1	

4	4	2
	1	

4	4	2
	1	

G2

1–5 Mit Holzwürfeln bauen.
Kopiervorlage für Baupläne in der Handreichung/BiBox für Lehrer/-innen.

S. 54

Bauen mit Winkelsteinen

1 Vier Winkelsteine. Baue nach.

a) Treppe

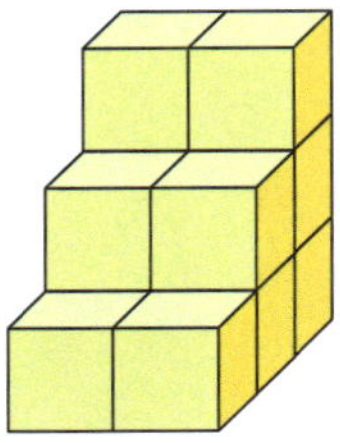

b) Sofa

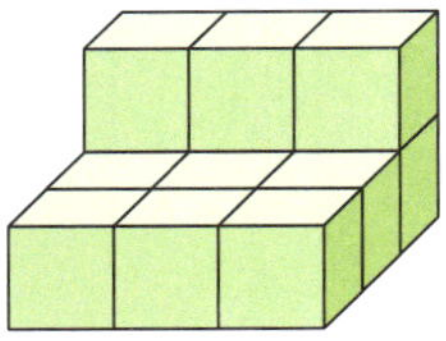

c) Mauer

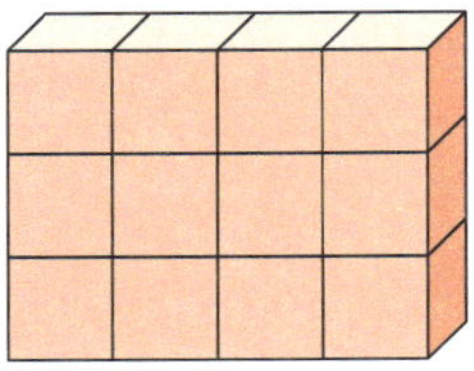

d) Podest

2 Acht Winkelsteine. Baue nach und schreibe die Baupläne in dein Heft.

a) Treppe

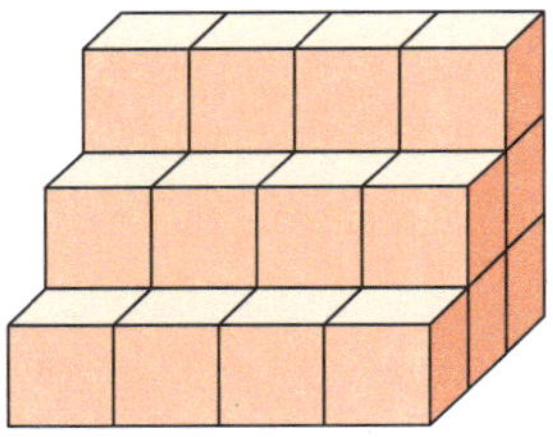

b) Kasten

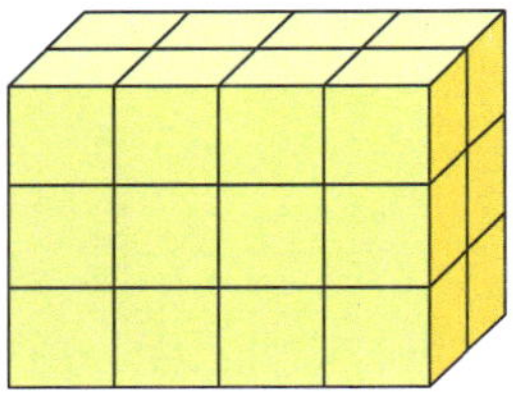

c) Mauer

d) Sessel

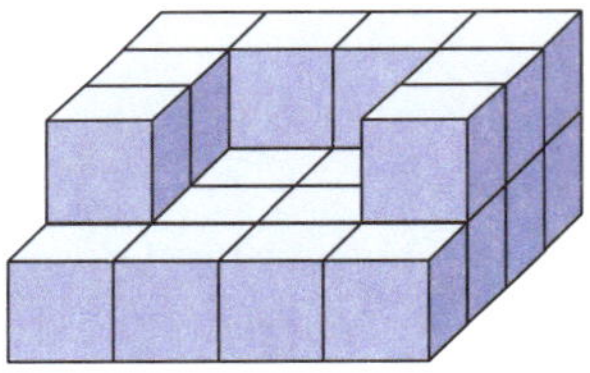

3 Gebäude aus zehn Winkelsteinen. Baue nach und schreibe die Pläne dazu.

a) Treppe

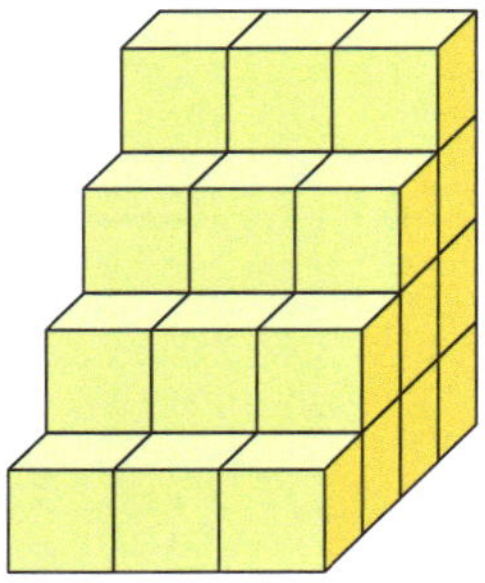

b) Kasten

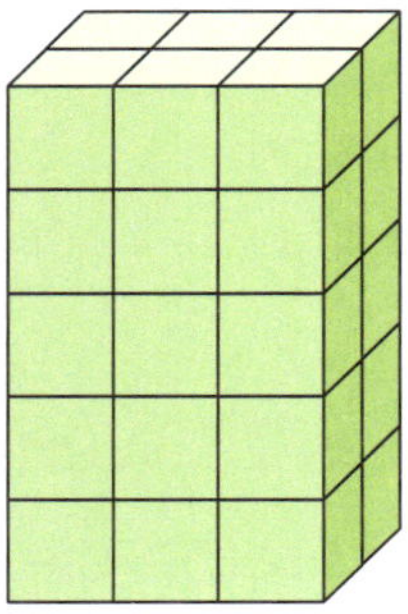

c) Thron

d) Sessel

4 Baut ein Gebäude mit neun Winkelsteinen.
Schreibt den Bauplan dazu.

17 A-G

1–4 Mit den Winkelsteinen bauen.
2–4 Kopiervorlage für Baupläne in der Handreichung/BiBox für Lehrer/-innen.

Bauen mit Winkelsteinen

Legeplan

1 Diese Gebäude sind aus sieben Winkelsteinen gebaut. Baut die Gebäude.

a)

4	3	3
2	2	2
2	1	2

b)

2	3	3
2	3	3
2	1	2

c)

4	4	3
2	1	2
2	1	2

d)

2	3	3
	4	3
	3	3

e)

5	5	4
1		3
		3

2 Baut die Gebäude mit den Winkelsteinen. Wie viele Steine braucht ihr?

a)

3	3	4
4	3	3
3	3	4

b)

4	3	2
3	4	1
	1	

c)

5	6	5
4	5	4
	1	

d)

3	3	3
3	3	3
3	3	3

e)

4	5	4
4	3	4
3	3	3

3 Baut auch diese Gebäude mit den Winkelsteinen nach.
Wie viele Steine braucht ihr?

a)

2	3	2	3
3			2
2			3
3	2	3	2

b)

1	2	2	2
1	1	1	2
	1	1	2
	1	1	

c)

2	3	3	2
1	2	2	1
1	1	1	1
2			2

d)

2	2	2	2
3	3	2	2
	3	2	
		1	

1 Welche Ansicht gehört dazu?

A

B

C

D

2 Häuser von vorn und von oben.
Welche Ansichten gehören zusammen?

2) 1 C,

Das ist die **Ansicht** von vorn.

Das ist die Ansicht von oben.

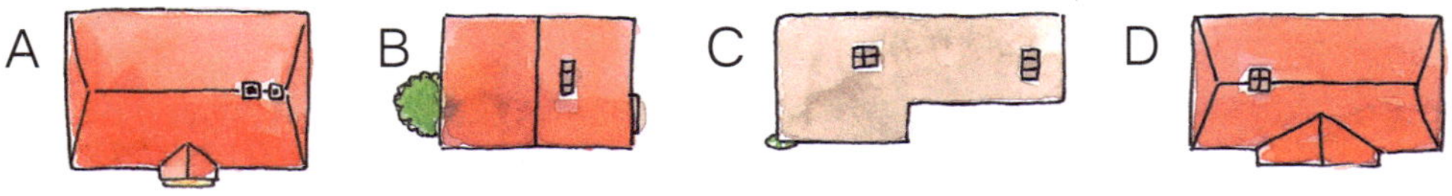

3 Von welcher Seite wurden die Fotos gemacht?

1 Von vorn gesehen. Welche Ansicht ist richtig?

2 Von der linken Seite gesehen.

3 Ordne zu: Von vorn ①, von rechts ②, von hinten ③ und von links ④.

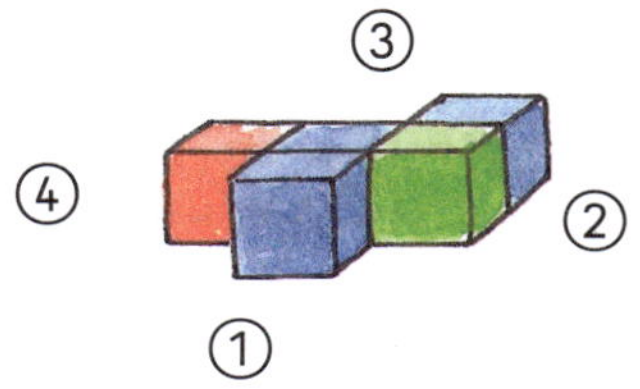

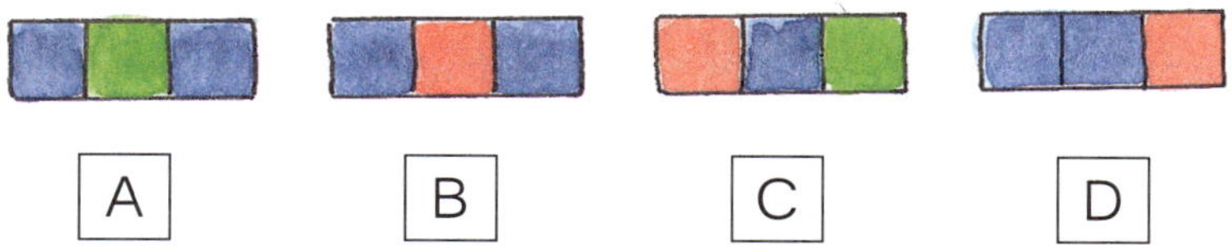

4 Zeichne die richtigen Ansichten:

Von vorn ①, von rechts ②, von hinten ③ und von links ④.

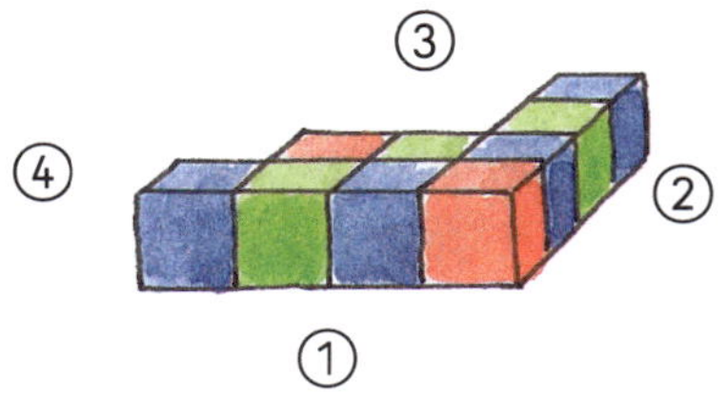

5 Von vorn und von oben. Was gehört zusammen?

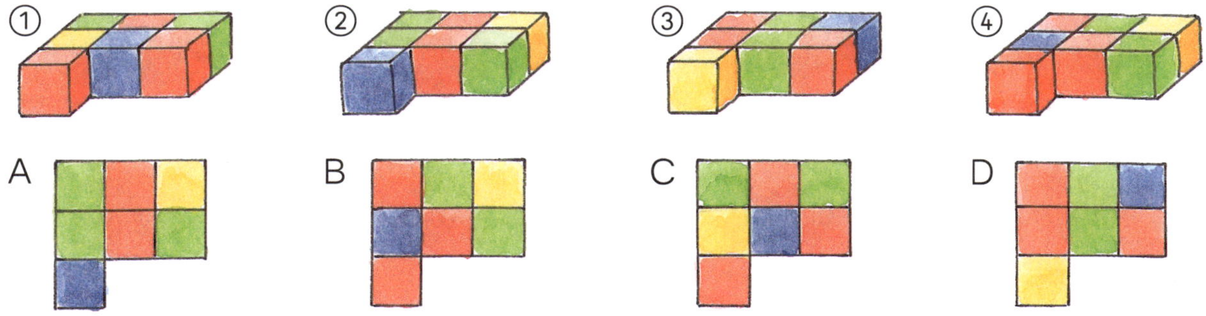

S. 55

1 Wo kommen die Kinder mit ihren Spielsteinen an?

Lea
3 Felder nach oben
1 Feld nach rechts
1 Feld nach oben
4 Felder nach rechts

Tim
2 Felder nach rechts
5 Felder nach oben
4 Felder nach links
1 Feld nach oben

Pia
6 Felder nach oben
3 Felder nach links
1 Feld nach oben
1 Feld nach links

2

Jan
1 Feld nach rechts
2 Felder nach oben
7 Felder nach rechts
2 Felder nach unten
1 Feld nach links

Mia
1 Feld nach oben
2 Felder nach links
3 Felder nach oben
2 Felder nach links
1 Feld nach unten

Ben
1 Feld nach links
2 Felder nach unten
2 Felder nach links
3 Felder nach unten
1 Feld nach rechts

Audioaufnahme / Algorithmen formulieren und nutzen: Eigene Wegbeschreibungen aufnehmen und nachvollziehen.

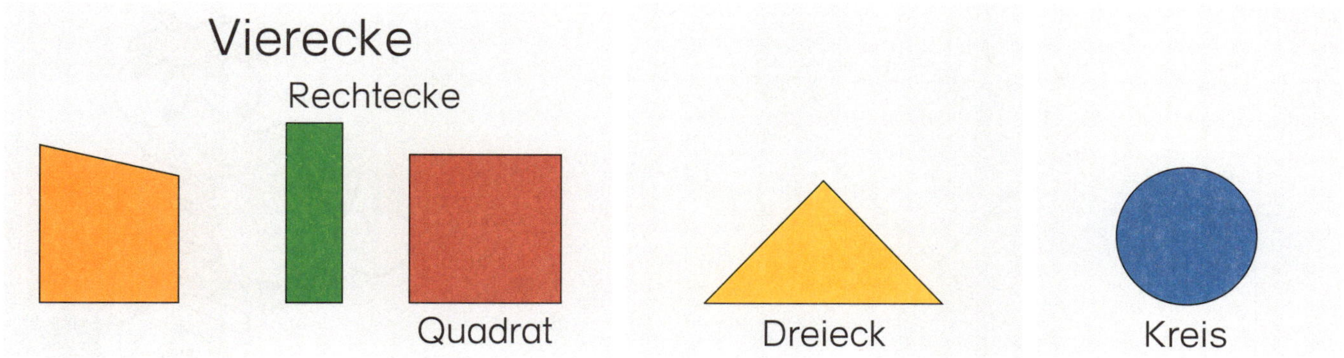

1 Wie viele sind es?

1 a) Quadrate:_, Rechtecke:_, Dreiecke:_, Kreise:_

a)

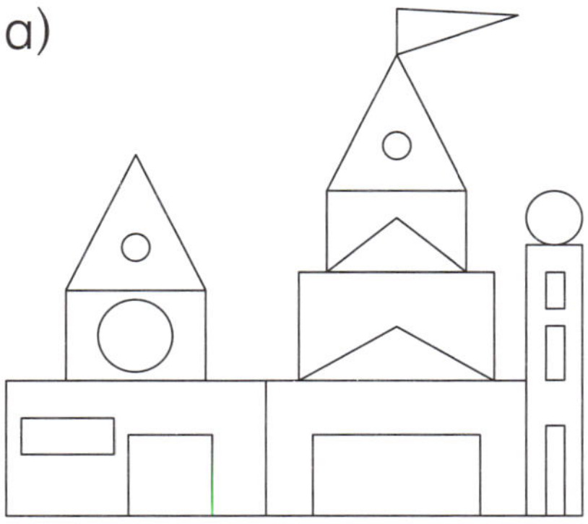

b)

2 Welche Fläche ist es?

A Die Fläche hat 4 gleich lange Seiten.

B Die Fläche hat keine Ecken.

C Die Fläche hat 3 Ecken und 3 Seiten.

D Die Fläche hat 4 Ecken und 4 Seiten.

3 An welchen Gegenständen findest du die Flächen?

①

②

③

④

⑤

⑥

3) Quadrat: 1
Rechteck:
Dreieck:
Kreis:

3 **Fotografie**: Eigene Bilder von Flächen in der Umwelt aufnehmen und präsentieren, ggf. ausdrucken und ein Merkplakat erstellen oder für eine digitale Pinnwand nutzen.

S. 56

Auslegen

1

2

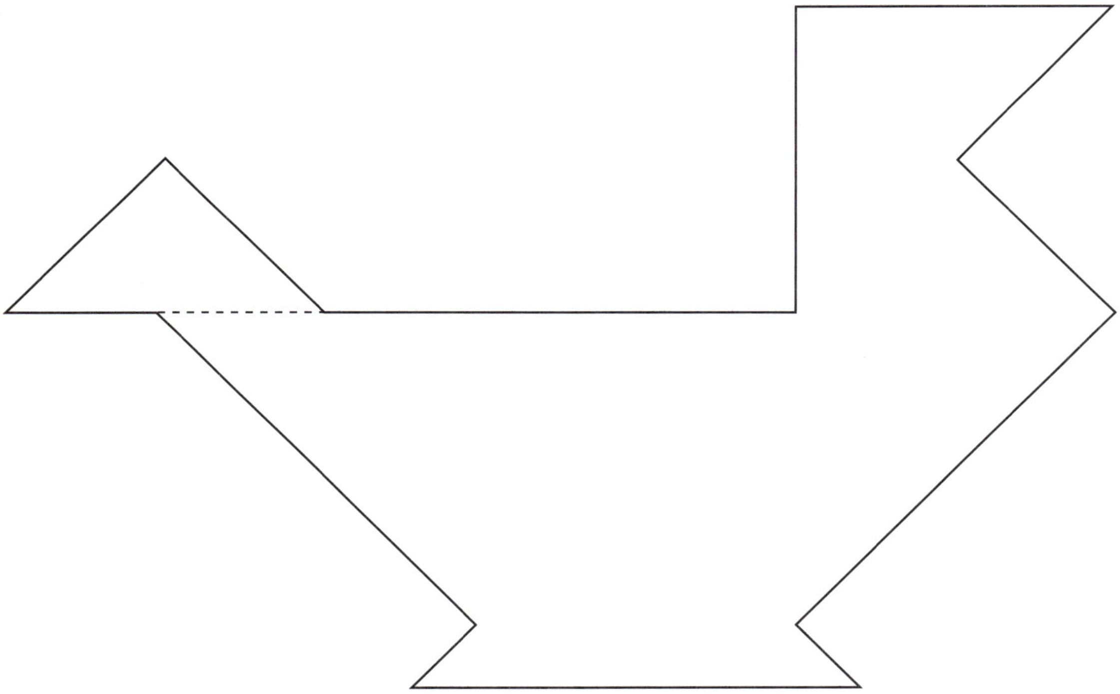

3 Lege eigene Figuren mit Plättchen.

1–3 Mit den geometrischen Plättchen auslegen.
Alle Größen und Formen können verwendet werden.

1

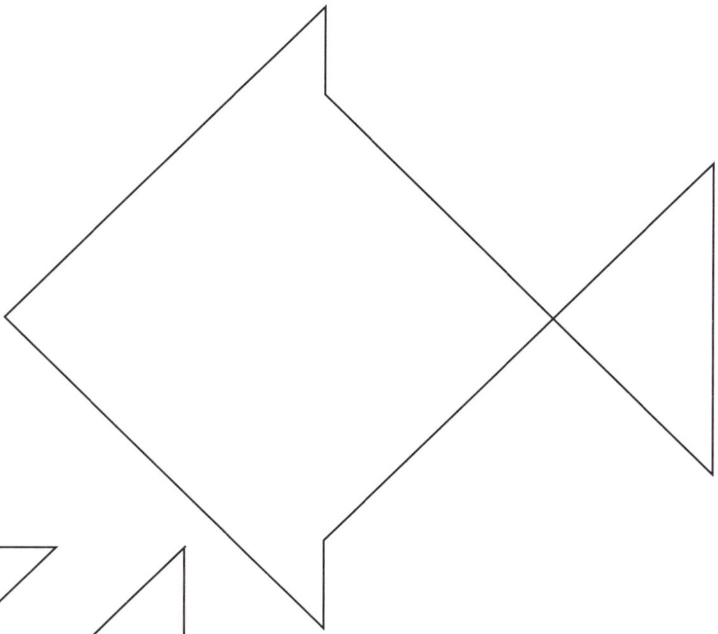

2

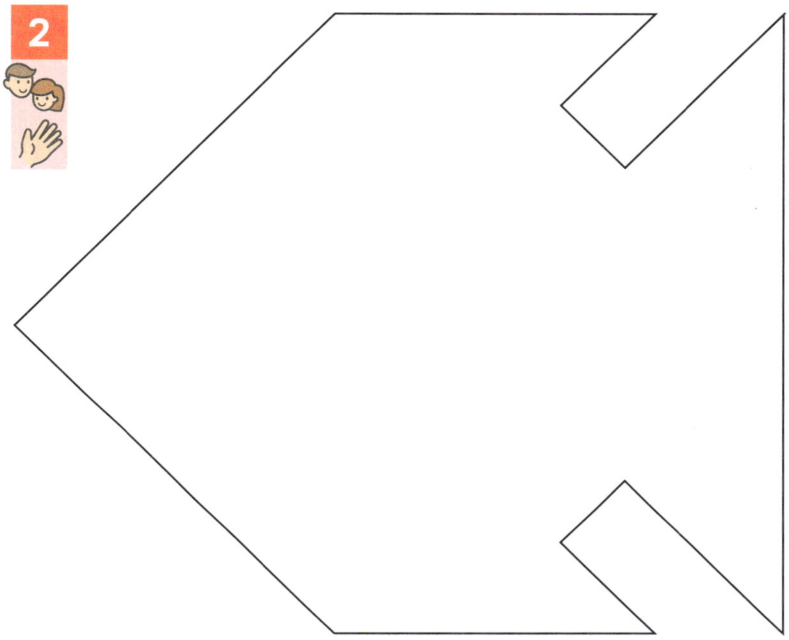

3

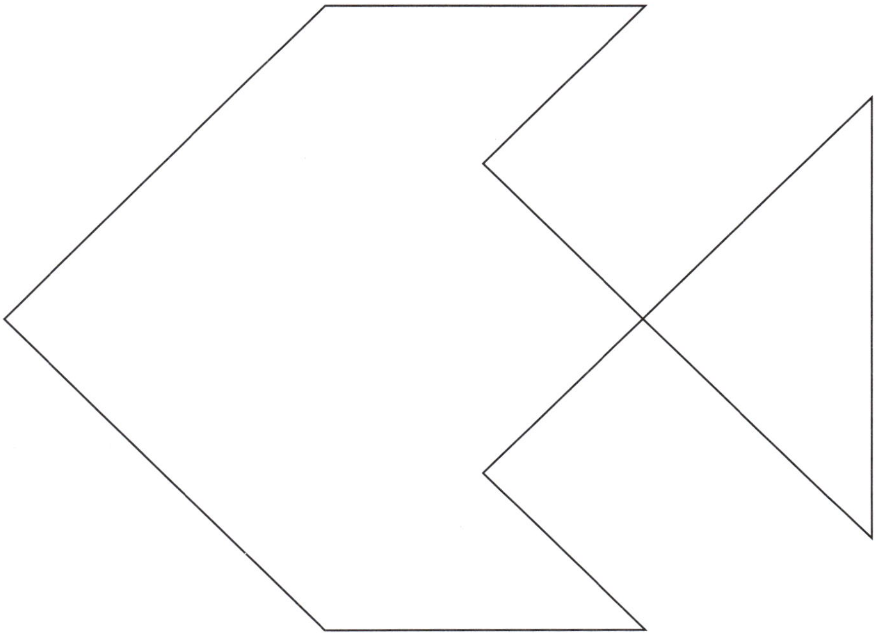

1–3 Mit den geometrischen Plättchen auslegen. Alle Größen und Formen können verwendet werden. **Fotografie**: Ergebnisse fotografieren, präsentieren und vergleichen.

1 Lege wie angegeben.

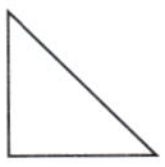			
2	4	–	–
1	6	–	1
–	6	–	3
–	4	–	4
–	8	–	2

2 Lege wie angegeben.

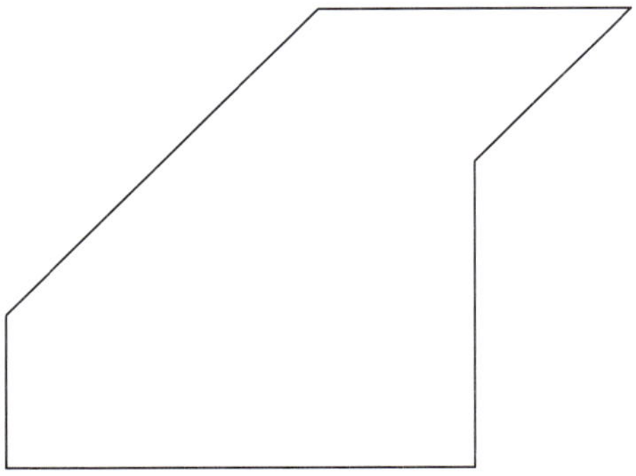

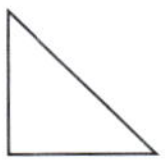			
–	3	1	2
2	5	–	1
–	7	–	4
1	5	–	3
–	7	1	–

3

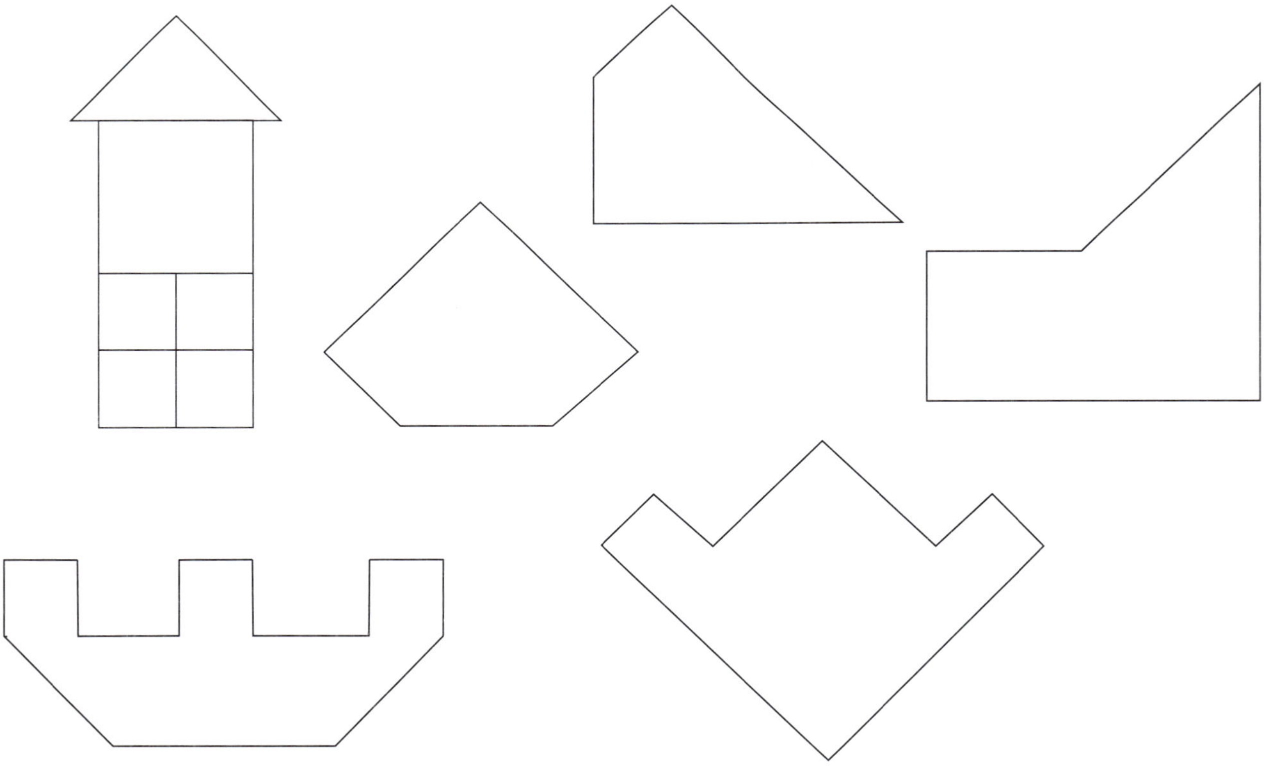

1–3 Mit den geometrischen Plättchen nachlegen.
1, 2 Nur die großen und kleinen Plättchen verwenden. **3** Alle drei Größen verwenden.

1 Zeichne das Muster von Flo mit dem Lineal in dein Heft.

2 Zeichne ein Muster wie in Aufgabe 1.
Beginne so.

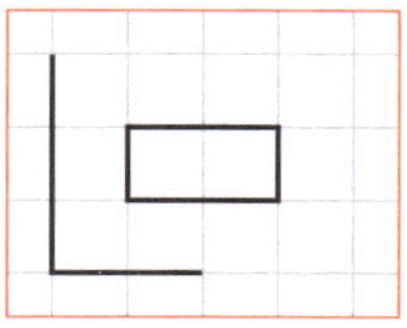

3 Zeichne mit dem Lineal in dein Heft.

a)

b)

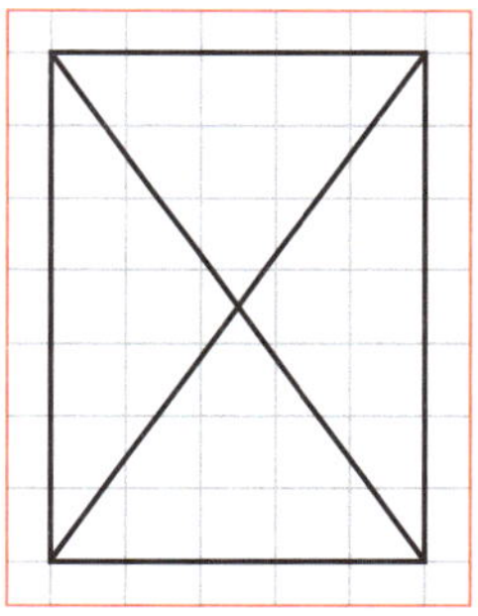

c)

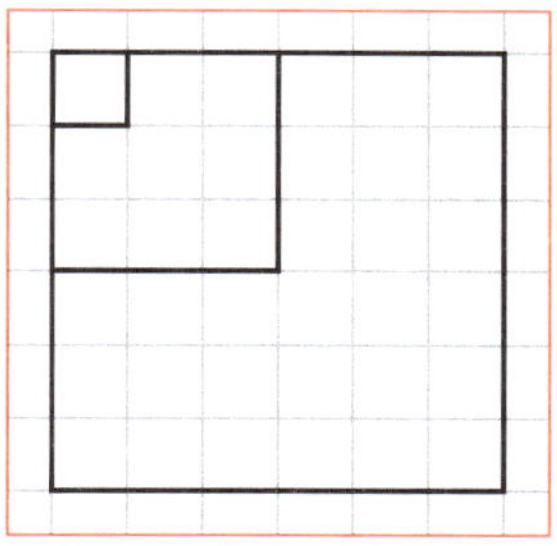

4 Zeichne diese Muster aus freier Hand auf ein weißes Blatt Papier.
Setze fort.

a)

b)

c)

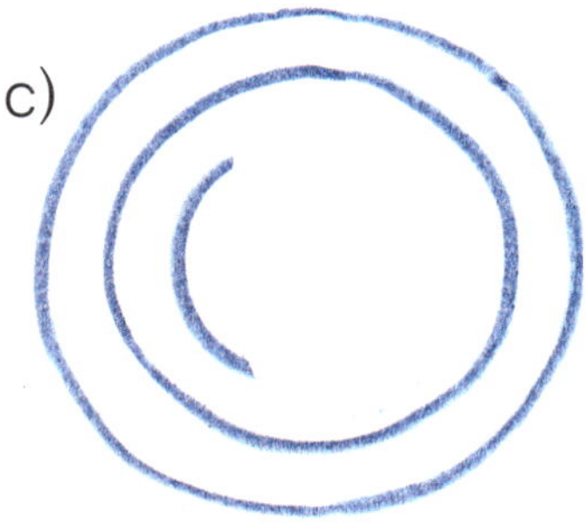

AH S. 49-50

Symmetrische Figuren

1 Diese Figuren haben eine Spiegelachse. Prüft mit dem Spiegel.

2 Welche Buchstaben haben zwei Spiegelachsen? Schreibt sie auf.

C X H O M

3 Wie viele Spiegelachsen haben die Verkehrsschilder?

a) b) c) d)

AH S. 51

1–3 Spiegel oder Zauberspiegel verwenden.

Symmetrische Muster

1 Legt Muster. Einer legt ein Plättchen, das Partnerkind legt das Spiegelbild.

2 Lege dieses Muster und das Spiegelbild.

a) 

b) 

c) 

d) 

3 Zeichne das Muster und das Spiegelbild in dein Heft.

a) 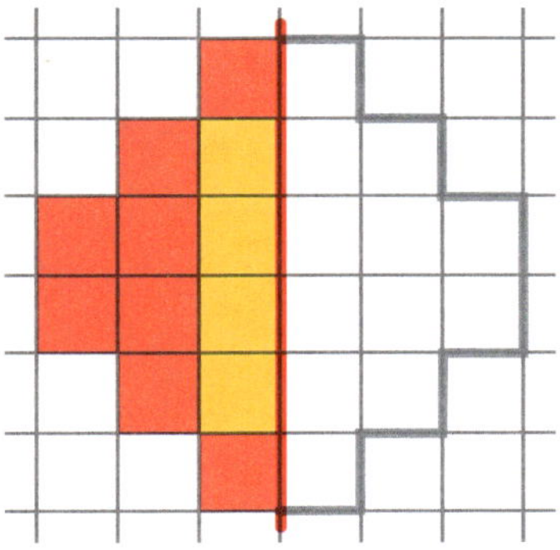

b) 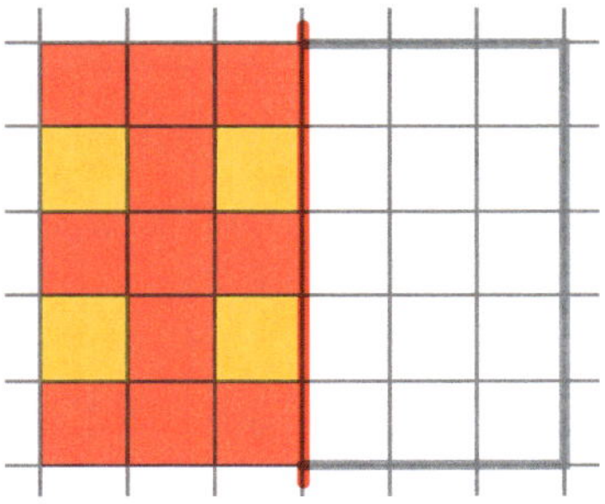

c) 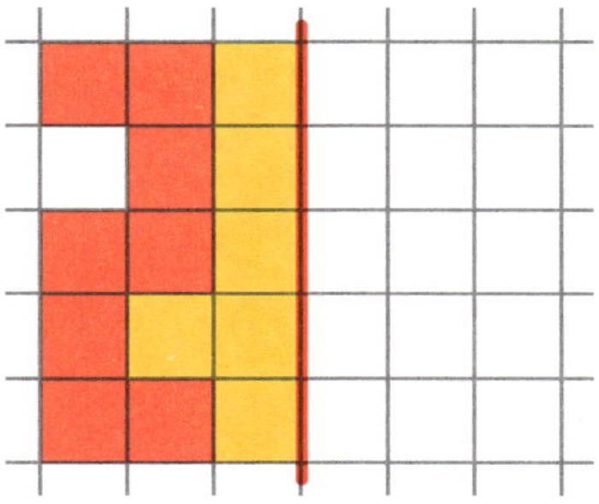

4 Zeichne die Figur und das Spiegelbild in dein Heft.

a) 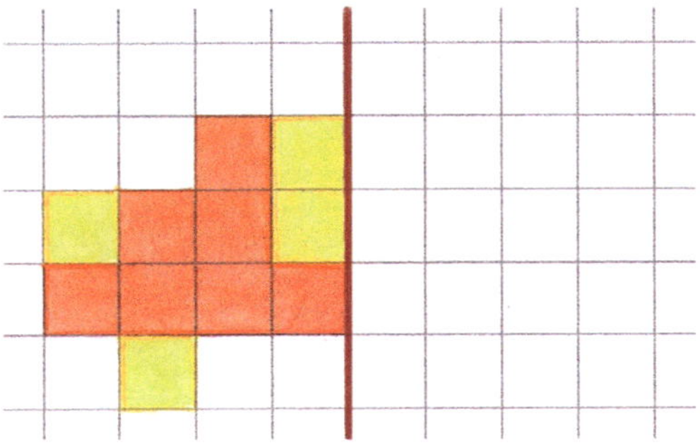

b) 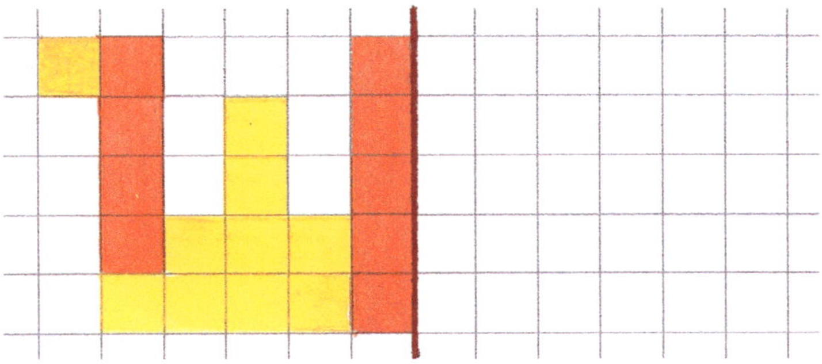

S. 57 AH S. 51

2–4 Spiegel oder Zauberspiegel verwenden.

Falten

1 Falte eine Fledermaus. Du brauchst ein quadratisches Blatt Papier.

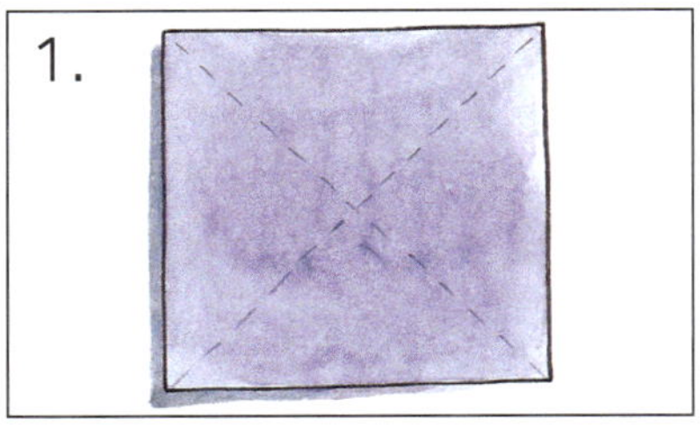

Falte das Quadrat zweimal über Eck.

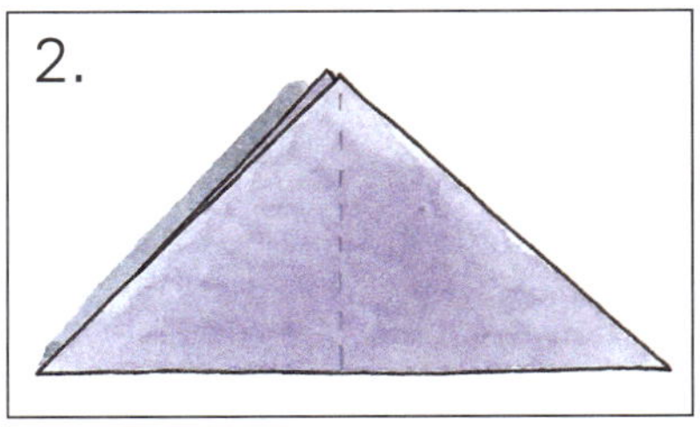

Lege das Dreieck so vor dich hin.

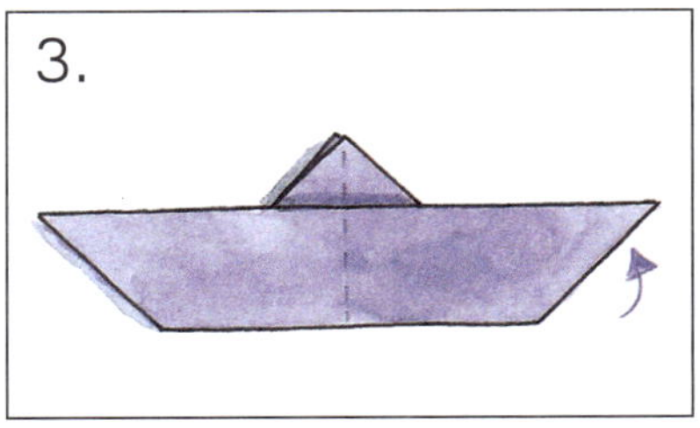

Falte den unteren Rand nach oben.

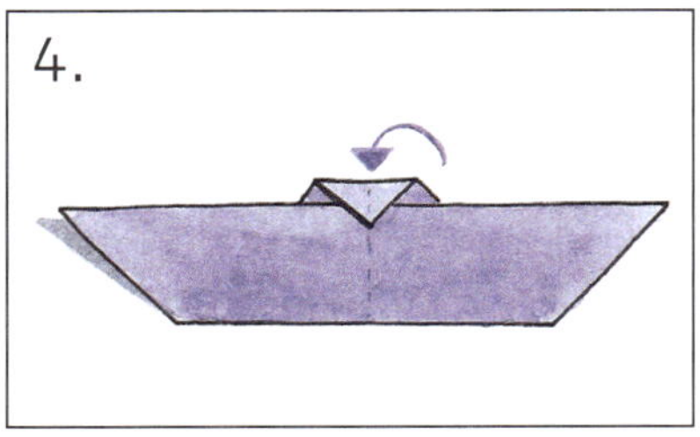

Falte die Spitze nach vorn.

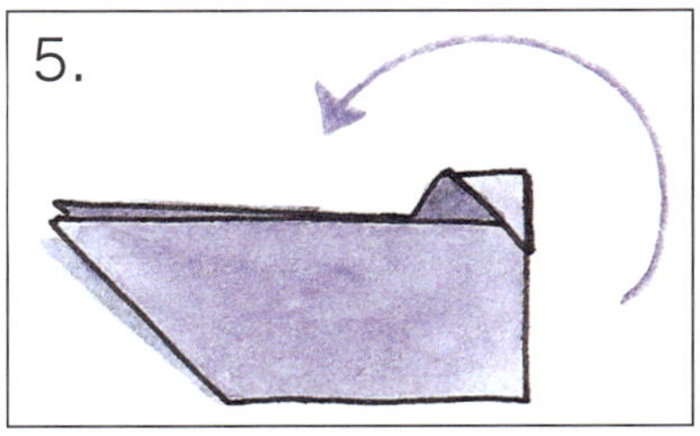

Falte die rechte Seite hinter die linke.

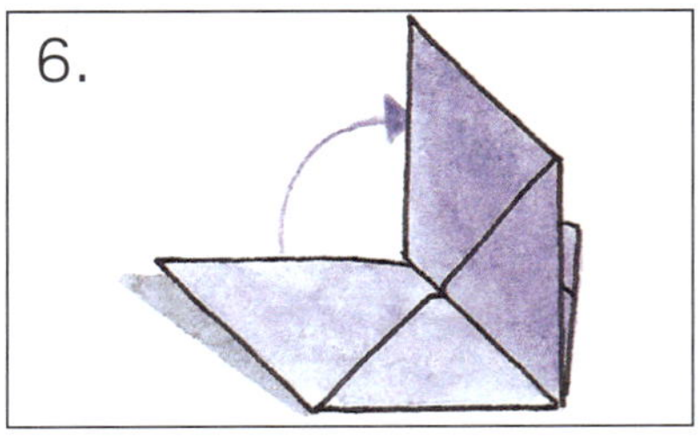

Falte den Flügel nach oben. Die Kanten liegen aufeinander. Falte den zweiten Flügel ebenso.

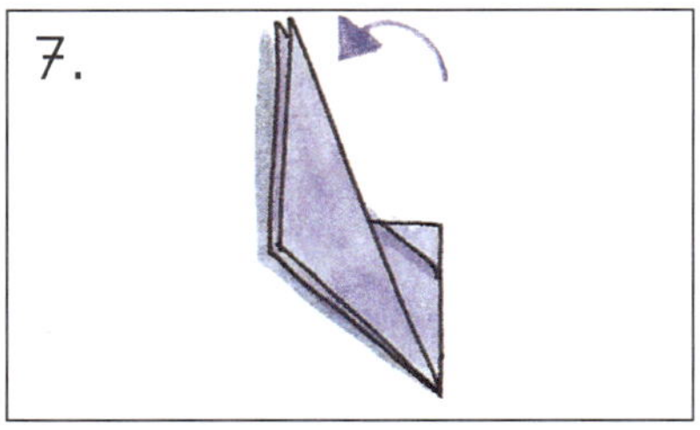

Knicke die Flügel zur Hälfte nach hinten um.

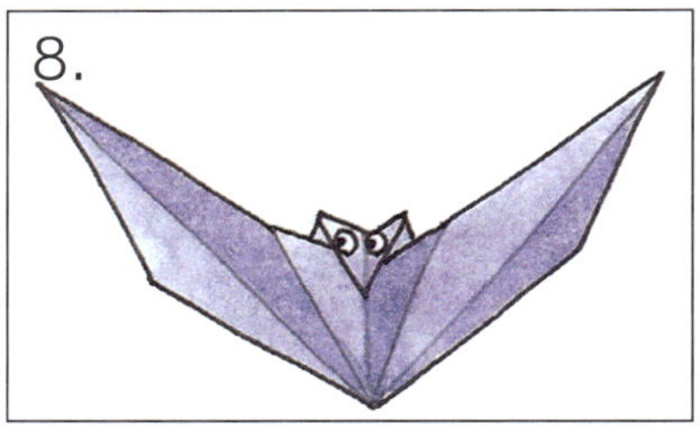

Male zum Schluss die Augen auf.

2 So kannst du einen Becher falten.

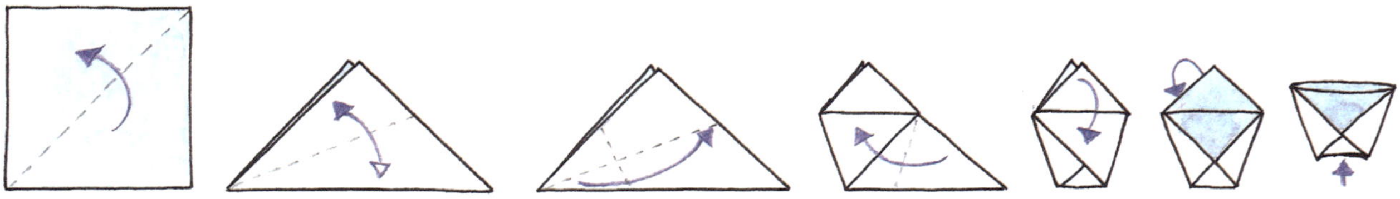

Quadratisches Papier verwenden.

1 **Videoaufnahme:** Eigene Anleitung zum Falten der Fledermaus aufnehmen und präsentieren, ggf. nachvollziehen und gemeinsam reflektieren.

Geobrett

1 Spannt auf dem Geobrett.

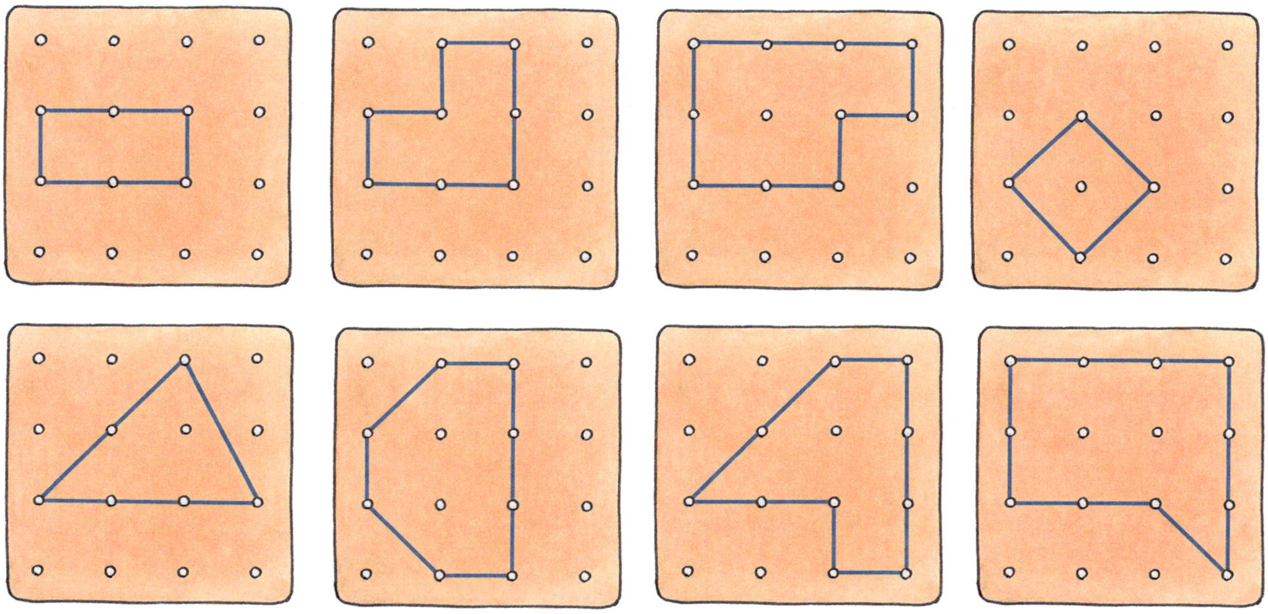

2 a) Versucht, ein Fünfeck, ein Sechseck und ein Siebeneck zu spannen.
b) Spannt Buchstaben: L, I, T, H.
c) Welche der Buchstaben F, Ц, E, M könnt ihr spannen?

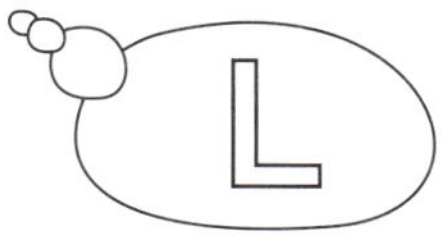

3 Spannt vier verschieden große Quadrate.

4

a) Spannt die Figur von Flex nach.
b) Findet weitere Figuren, bei denen acht Nägel umspannt sind.

5 Verändert die Figur aus Aufgabe 4 so, dass zehn Nägel umspannt sind.

1–5 Geobretter mit 4 x 4 Nägeln verwenden.

AH S. 52

1 Zeichne neu ein.

S 4 Felder nach links

T 2 nach unten, 2 nach rechts

I 3 nach links, 1 nach unten

Z 2 nach unten, 1 nach rechts

E 3 nach rechs, 1 nach unten

P 1 nach rechts, 4 nach oben

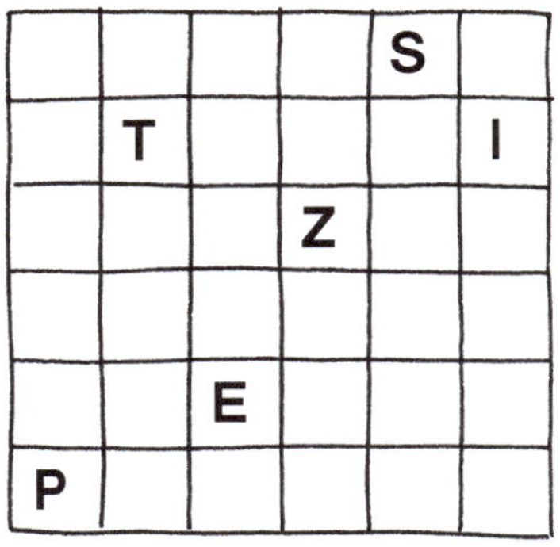

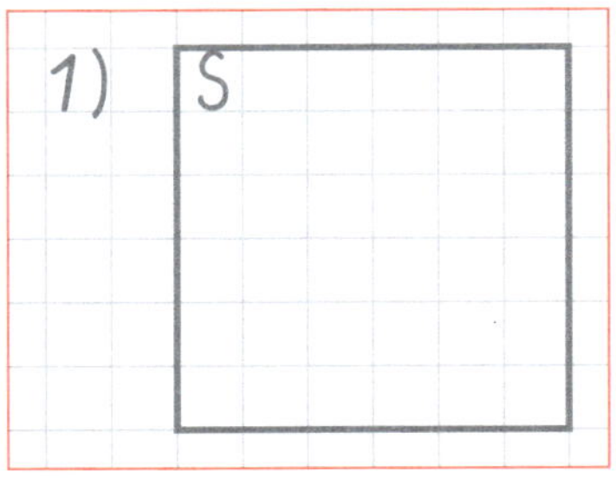

2 Vier Ansichten eines Gebäudes. Welches Gebäude ist es?

A

B

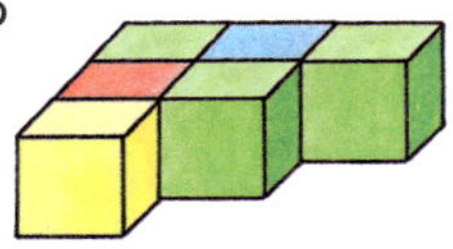

C

3 Wie viele Quadrate sind es?

a)

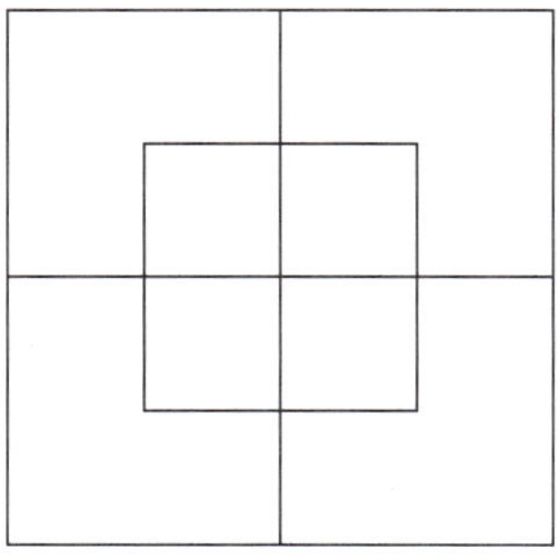

b)

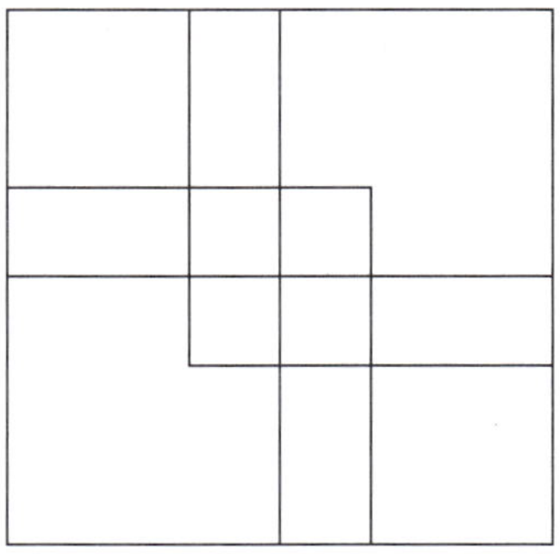

1 Die Aufgabe eignet sich im Anschluss an Seite 8.
2 Die Aufgabe eignet sich im Anschluss an Seite 17.
3 Die Aufgabe eignet sich im Anschluss an Seite 19.

4 Zeichne ohne abzusetzen. Zeichne keine Linie doppelt.

a) 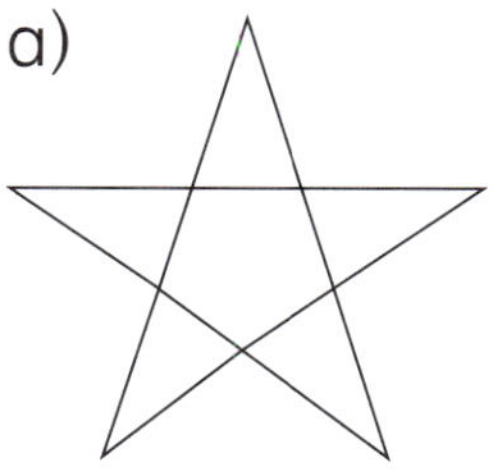

b) 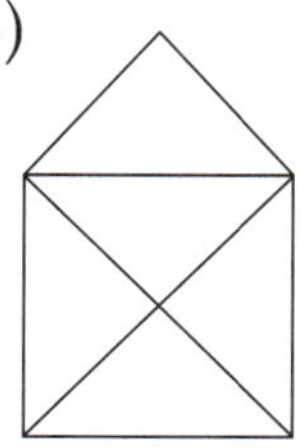

c) 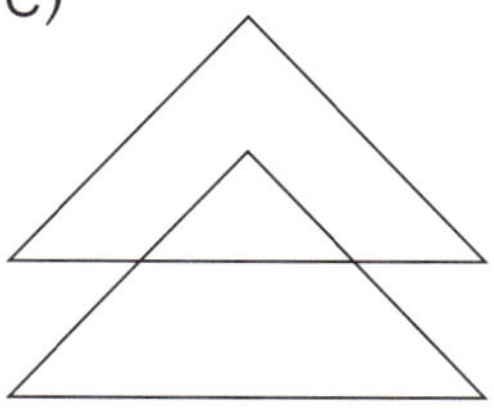

d) 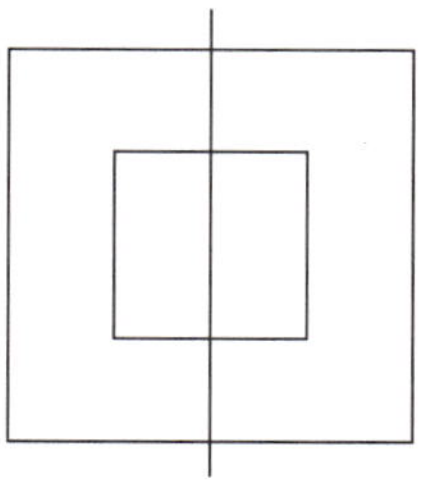

5 1. 

2. 

3. 

4. 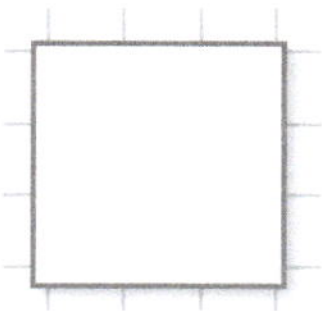

5. 

a) Welches Muster kommt an fünfter Stelle?

A 

B 

C 

b) Ergänze den Satz. Schreibe in dein Heft.

Das ___ Muster und das ___ Muster sind gleich.

6 Zeichne die Figur in dein Heft. Zeichne dann das Spiegelbild.

a) 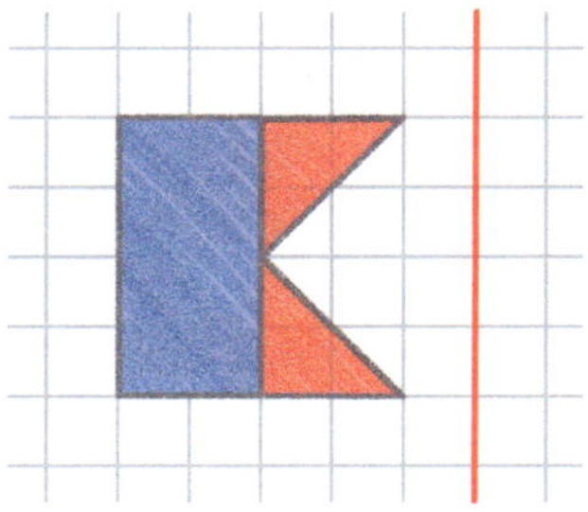

b) 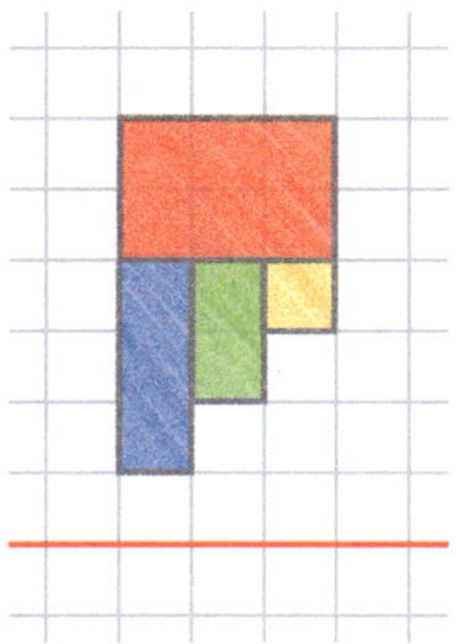

c) 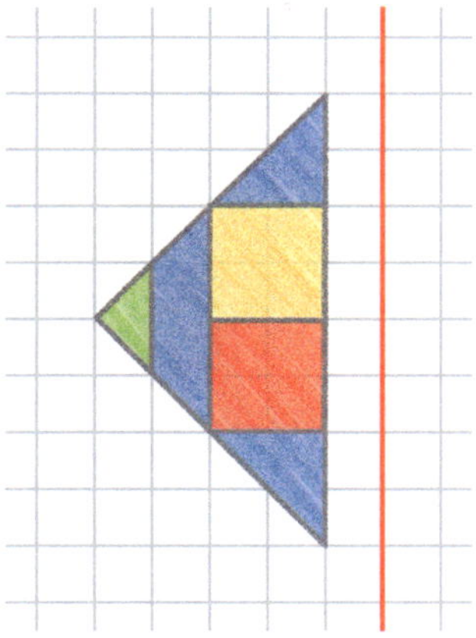

4, 5 Die Aufgaben eignen sich im Anschluss an Seite 23. **5b)** Verschiene Lösungen möglich bei Berücksichtigung unterschiedlicher Musterschritte.
6 Die Aufgabe eignet sich im Anschluss an Seite 25.

Fachwörter und Redemittel

Körper

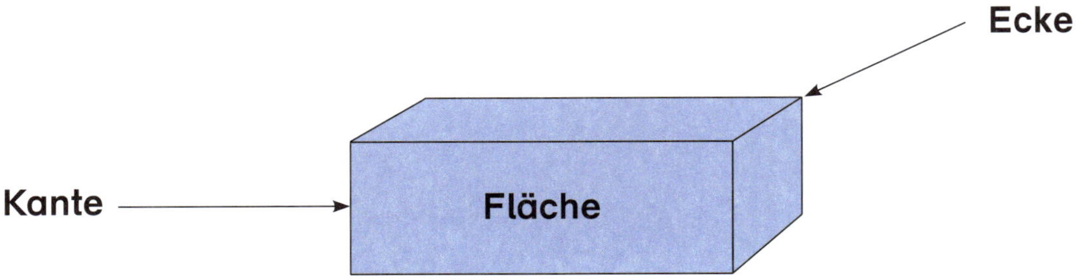

Flächen

Symmetrie

Die Figur ist
symmetrisch.

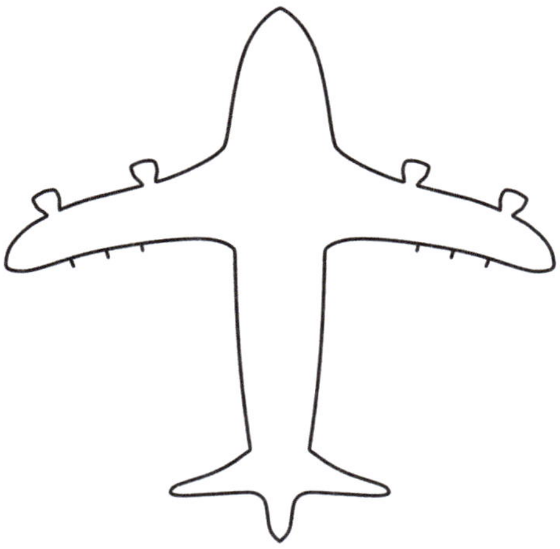

Die Figur hat
eine **Spiegelachse**.

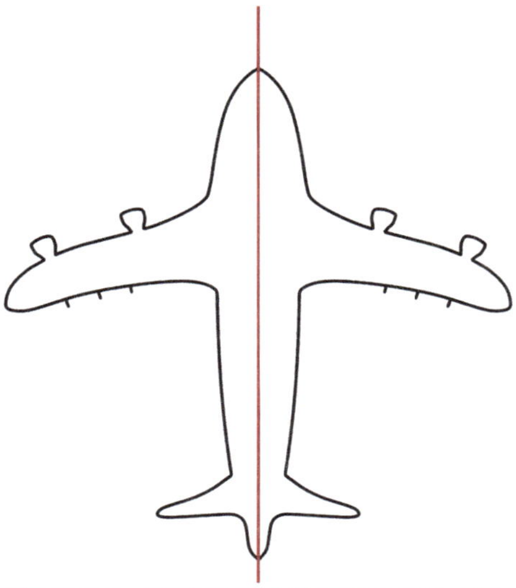

Ansichten

Ansichten

von vorn

von hinten

von links

von rechts

von oben

Flex und Flo für das 2. Schuljahr

MATERIALIEN FÜR SCHÜLERINNEN UND SCHÜLER

Addieren und Subtrahieren 2 .... 978-3-14-**118126**-5
Multiplizieren und Dividieren 2 .... 978-3-14-**118127**-2
Geometrie 2 .... 978-3-14-**118128**-9
Sachrechnen und Größen 2 .... 978-3-14-**118129**-6

Lernpaket 2
4 Themenhefte + Beilagen 978-3-14-118130-2
BiBox für Schüler/-innen WEB-14-**118145**

ZUSATZMATERIALIEN
Arbeitsheft 2 .... 978-3-14-**118133**-3
Trainingsheft 2 .... 978-3-14-**118162**-3
Trainingsheft Interaktiv 2 .... WEB-14-**118180**

Themenhefte inklusiv B
Zahlen bis 20 (B) 978-3-14-**118413**-6
Rechnen bis 20 (B) 978-3-14-**118414**-3
Geometrie (B) 978-3-14-**118415**-0
Sachrechnen und Größen (B) 978-3-14-**118416**-7

Lernpaket inklusiv B
4 Themenhefte + Beilagen 978-3-14-**118412**-9

MATERIALIEN FÜR LEHRERINNEN UND LEHRER

Handreichung 2 .... 978-3-14-**118135**-7
BiBox für Lehrer/-innen 2, *Einzellizenz* WEB-14-**118146**-
Kollegiumslizenz WEB-14-**118148**

Kopiervorlagen 2 .... 978-3-14-**118152**-4
Förder-Kopiervorlagen 2 .... 978-3-14-**118154**-8
Forder-Kopiervorlagen 2 .... 978-3-14-**118156**-2
Lernwege-Karten 2 .... 978-3-14-**118159**-3
Diagnoseheft 2 .... 978-3-14-**118149**-4
Entdeckerkartei 2 .... 978-3-14-**118161**-6
Winkelsteine, *23 Holzteile* 978-3-425-**13615**-8

10 Sätze Einmaleins-Tafel 978-3-14-**118185**-2